CONSIDÉRATIONS

SUR

L'AVENIR DE LA CULTURE DU COTON

ET SUR

LES CONDITIONS DE L'AGRICULTURE EN ALGÉRIE

Par A. THOMAS

ALGER
IMPRIMERIE DE L'AKHBAR, F. PAYSANT,
Rue des Trois-Couleurs, 19.

1870

CONSIDÉRATIONS

SUR L'AVENIR DE LA CULTURE DU COTON ET SUR LES CONDITIONS DE L'AGRICULTRE EN ALGÉRIE.

I

EXAMEN RÉTROSPECTIF.

Il y a quatre ans, dans l'Exposé de notre projet de barrage-réservoir de l'oued Bou-Roumi (pièce N° 3, rapport à S. Exc. le Gouverneur général), nous disions que sur les 5 millions d'hectares que renferme la zone de colonisation, et lorsque l'eau des rivières sera emmagasinée, pendant l'hiver, comme un bien précieux, on verrait les cultures de coton couvrir des étendues considérables.

Depuis, cette culture, dont le développement offre un grand intérêt pour notre industrie cotonnière, a subi des phases douloureuses, qui ont, avec elles, entraîné bien des ruines.

Dans les provinces d'Alger et de Constantine, les planteurs, découragés, ont arraché leurs cotonniers ; on n'y cultive plus le coton. Seule, la province d'Oran a résisté; et, de ce côté, après une courte période de ralentissement, la reprise et l'extension de la culture n'a plus pour limite que les moyens d'arrosage dont on dispose.

Il ne faut pas croire que la situation particulière de cette province, relativement à la culture du cotonnier, provient exclusivement de son climat plus chaud et de la nature de ses terres ; non, il y a d'autres causes ; nous les dirons plus loin, en même temps que nous démontrerons que les cultures du coton doivent s'étendre et s'étendront de l'ouest à l'est, conformément à nos prévisions d'autrefois.

Au préalable, jetons un coup d'œil en arrière ; faisons un examen rapide de la culture du coton depuis son début en Algérie ; suivons-la dans ses phases diverses ; nous y trouverons des enseignements et un point d'appui pour nos affirmations.

Les premiers essais de culture de coton datent d'il y a environ vingt ans ; ils eurent lieu par l'initiative de l'administration ; des graines furent délivrées gratuitement, et l'Etat achetait au planteur son produit à des prix fixés d'avance, et selon l'espèce et la qualité. Ainsi favorisés, les essais se généralisèrent et lorsque survint la guerre d'Amérique et la hausse considérable du prix des cotons qui en résulta, tout propriétaire ou fermier possédant des moyens d'arrosage, entreprit la culture du coton, dans toute la limite que lui permettait le volume d'eau dont il pouvait disposer. On fit même des cotons au sec, dans des terres fraîches, profondes et bien exposées ; le rendement était moindre, il est vrai, le coton était moins soyeux, quoique nerveux, mais le cours de la matière était à un taux si élevé, que le planteur y trouvait encore un bénéfice.

Au plus fort de cette période du haut prix des cotons, le rayon situé entre le Sig et Relizane offrit un spectacle assez saisissant. Le crédit était ouvert à quiconque entreprenait une culture de coton ; celui-ci ne fût-il qu'un Espagnol, sans feu ni lieu, et n'eût-il que sa pioche en main, et dans sa poche le contrat qui le déclarait locataire d'un ou plusieurs hectares arrosés.

L'hectare arrosé se louait jusqu'à 400 fr. et donnait un produit de 2.000 à 2 500 fr.

Si l'argent s'obtenait et se gagnait facilement, il se dépensait, le plus souvent, plus facilement encore; il y avait bombance générale, et l'on peut se rappeler les tables des débits où l'on voyait nos planteurs espagnols savourer le champagne en mangeant de la morue.

Les centres de production cotonnière virent de tous côtés s'élever des constructions qui pouvaient, momentanément, avoir leur raison d'être, mais qui, bientôt, allaient devenir désertes. Ceux qui n'avaient pas d'eau d'arrosage voulurent prendre part à la curée et firent, à grands frais, établir des norias avec leurs bassins, et, malgré ce que ce système d'arrosage a de coûteux dans son établissement et dans son emploi, il était encore avantageux de s'en servir.

L'imprévoyance des uns, la hardiesse des autres devaient être chèrement expiées.

A partir de 1865, le prix des cotons commença de baisser. L'invasion des sauterelles, la sécheresse, la maladie des cotonniers en 1866, réduisirent sensiblement la récolte. En 1867, la fin de la guerre de secession et le vil prix des cotons qui en résulta (on vendit 50 à 75 et 90 fr. les 100 k., ce qui s'était vendu autrefois de 250 à 275 fr.) déterminèrent la crise dont souffre encore le rayon de production cotonnière de la province d'Oran.

Pendant la période des hauts prix, le rendement considérable en espèces et la facilité d'écoulement avaient entraîné une négligence funeste dans les soins à donner aux cultures de coton ; mauvais choix de graines, pas de fumure et dégénérescence de la qualité du produit par l'épuisement du sol.

Telle était, en 1867, la situation au moment de la récolte. Elle eut pour conséquence une réduction notable de la culture cotonnière. On planta peu en 1868 et cette culture qui avait embrassé une étendue de près de 4.000 hectares, se trouva réduite à environ 1800 hectares portant généralement des cotonniers de seconde année.

Mais cette année 1868 vit remonter le prix du coton ; on paya de 125 à 150 fr. les 100 kilos.

Ces prix sont rémunérateurs et déterminèrent une reprise assez énergique. On plante abondamment en 1869 et la surface cultivée en coton pendant cette dernière campagne a atteint le chiffre d'environ 3.000 hectares, chiffre qui se trouve limité par les moyens d'arrosage existant dans les plaines du Sig, de l'Habra et de la Mina (Relizane).

Les prix de 1869 plus bas que ceux de 1868, ont présenté des écarts très significatifs, résultant beaucoup moins de l'abondance de la récolte des longues soies d'Amérique, que de la situation particulière du marché des cotons en Algérie, et aussi de l'infériorité d'une partie de la qualité de ses produits ; infériorité dont nous avons signalé la cause plushaut et à laquelle il faut ajouter l'intervention des juifs dans les achats.

C'est ce que nous examinerons dans le chapitre suivant.

Disons, avant de terminer cette esquisse, que si le plus grand nombre des planteurs a fait preuve d'imprévoyance aussi bien que de négligence dans ses cultures, il s'est heureusement trouvé des hommes sages, des cultivateurs sérieux ayant procédé tout autrement, et si la culture du coton a pris définitivement racine en Algérie, il faut reconnaître que c'est à eux qu'en revient le mérite.

Ce qui précède a trait principalement à la province d'Oran. Nous avons peu de chose à dire au sujet des provinces d'Alger et de Constantine, où des moyens d'arrosage trop restreints n'ont permis qu'une production trop minime, trop divisée et n'ayant, par conséquent, pas assez de consistance pour résister aux phases que nous avons signalées. Les cotonniers ont été arrachés après la récolte de 1867, vendue à vil prix, et l'on n'a pu profiter de la reprise des cours de 1868 qui eût rendu confiance aux planteurs et déterminé le maintien de la culture du coton dans l'ouest de la Mitidja et aux environs de Bône.

Rendons hommage en passant à M. Laquière, ancien officier des bureaux arabes et actuellement maire de Ténès, pour son intelligente action dans l'arrondissement de Bône, où il a, comme propriétaire et tout à fait en dehors du concours de l'administration, amené les indigènes à cultiver le coton. Il est regrettable que les circonstances ne lui aient pas permis de compléter son œuvre et d'en assurer la stabilité.

II

ÉTAT ACTUEL ET AVENIR DE LA CULTURE DU COTON

Le rayon de production de la culture du coton dans la province d'Oran, se divise en trois parties :

1° La plaine du Sig, où l'on cultive environ 1,200 hectares.

2° La plaine de l'Habra, 1,200 hectares ;

3° La plaine de la Mina (Relizane), 600 hectares.

Dans la plaine du Sig où les terres sont plus légères, plus chaudes, la maturité est plus hâtive et généralement terminée en décembre.

On y rencontre de très belles plantations où il n'est pas rare d'obtenir un rendement de 8 à 10 quintaux à l'hectare et de belle qualité.

Mais on y rencontre aussi des plantations reposant sur un sol épuisé. Là, le rendement moyen est de 4 à 6 quintaux à l'hectare et la qualité est inférieure.

Dans la partie de la plaine de l'Habra, actuellement irrigable, les terres sont plus fortes, plus froides, la maturité y est plus tardive et la récolte se poursuit quelquefois jusqu'au commencement de février.

Les cotons de cette contrée, première et deuxième cueillettes, sont généralement de qualité supérieure, très fins, très soyeux. Ceux obtenus par les fermiers de la Société de l'Habra sont estimés des filateurs. La troisième cueillette est de qualité médiocre.

Les terres du territoire arrosable de Relizane sont fortes, mais moins froides que celles de l'Habra : la maturité y est moins rapide qu'au Sig et la récolte n'est guère terminée qu'en janvier Le rendement y est très abondant et a atteint quelquefois jusqu'à 14 quint. à l'hectare. Le coton, quoique de belle qualité, est moins soyeux, moins nerveux qu'à l'Habra.

Nous croyons qu'à Relizane comme à l'Habra, on poursuit l'arrosage plus longtemps qu'il n'est nécessaire, et que l'on pousse ainsi à la végétation, en retardant la maturité. De là, dans la récolte, un retard préjudiciable : les cotons de cueillette tardive contenant beaucoup de capsules tachées.

Ainsi, nous voyons cultiver le coton longue soie sur trois natures de terres différentes, et réussir parfaitement bien sur l'un et l'autre point, à la condition que ces terres aient suffisamment de fond, soient bien nourries et labourées profondément, afin que la racine pivotante du coton, ne rencontre aucune résistance pour parvenir à la profondeur qu'elle désire.

Maintenant, si l'on se rappelle les belles qualités obtenues dans la Mitidja et dans la province de Constantine, on est conduit à affirmer que le climat de l'Algérie est éminemment propre à la culture du coton longue soie ; que cette intéressante culture est praticable, sauf quelques rares exceptions, dans toutes les bonnes terres des plaines du littoral, et qu'en lui donnant tous les soins qu'elle demande, on peut obtenir, en moyenne,

8 quintaux à l'hectare, dans les plaines de la province d'Oran et dans celle du Cheliff, et de 6 à 7 quintaux dans l'Ouest de la Mitidja, où le climat un peu moins chaud nuit quelque peu à l'abondance du produit.

Les cours de 1868 et 1869 peuvent servir de base pour établir le prix moyen des cotons longue-soie que l'on peut évaluer à 125 fr. les 100 kilos; ce qui constitue, à l'hectare, une moyenne de rendement à peu près de 1,000 fr. pour la province d'Oran et d'environ 800 fr. pour la Mitidja.

Tout le secret pour obtenir ce résultat, consiste à donner une bonne fumure à la terre, labourer profondément, arroser abondamment pendant les grandes chaleurs; écimer et pincer vigoureusement la plante en temps utile, et l'on aura ainsi assuré la récolte et la bonne qualité du produit si l'on a fait un bon choix de graines.

Ajoutons que les terres bien exposées, c'est-à-dire directement soumises à l'influence des vents du large qui les imprègnent d'efflorescences salines, produisent des qualités supérieures. Les cotons de Tipaza, de première année, sont peut être les plus fins, les plus longs, les plus soyeux, les plus nerveux qui aient été récoltés en Algérie ; ils ne le cédaient en rien aux belles qualités d'Amérique. Ceux récoltés aux environs d'El Affroun, de Mouzaïa et dans la Mitidja, en général, étaient aussi de qualité assez remarquable.

La supériorité des cotons de la société de l'Habra tient assurément à l'exposition particulière de ses terres qui les soumet plus directement à la brise de mer.

Les frais de location, de culture, de cueileltte, etc., ne dépassent pas 500 fr. pour celui qui emploie la main-d'œuvre étrangère. Les planteurs de la province d'Oran estiment de 5 à 600 fr. le produit net d'un hectare, déduction faite de tous frais.

Pour la Mitidja, le produit net peut donner environ 300 à 350 fr., c'est encore un assez beau chiffre.

Mais, en outre, il ne faut pas oublier que la dépense faite pour cultiver un hectare de coton ne profite pas seulement à cette culture, qui est une précieuse culture d'assolement ; que les fumures, les labours profonds, les piochages, profitent plus tard aux cultures de céréales que l'on entreprend par la suite sur les terrains ayant porté des cotonniers, terrains nourris, remués, travaillés et sur lesquels on récolte alors toujours moitié en plus en blé, orge ou avoine.

Il n'y a pas un planteur qui n'ait été à même de constater ce fait.

Pour le petit propriétaire ou le colon dont l'exploitation a peu d'étendue et qui n'emploie guère que les bras de la famille et peu ou point de main d'œuvre étrangère, les frais de culture n'entraînent que peu de dépenses en espèces, et pour lui la culture du coton présente encore plus d'avantage.

Aussi, le plus souvent, la grande culture trouve-t-elle plus avantageux et plus certain d'entreprendre ses cultures de coton en employant des colons partiaires, ce sont presque exclusivement des familles espagnoles, généralement nombreuses, où tout le monde trouve à s'occuper; les hommes à la terre, les femmes, les jeunes enfants à la cueillette et aux triages.

D'un autre côté, on voit aujourd'hui la Société de l'Habra louer ses terrains arrosables à ces familles espagnoles, par lots de 25 hectares, au prix de 50 fr. l'hectare. Le terrain est livré complètement nu, sans construction aucune, et le premier soin de la famille, en arrivant sur les lieux, est de se bâtir un abri. Le volume d'eau affecté à chaque lot permet d'entreprendre environ 4 hectares de coton. C'est ce qui détermine ce haut prix de location, payé assez régulièrement par les locataires, malgré ce que, dans de telles conditions, le prix de location peut avoir d'excessif en apparence.

Nous devons dire aussi qu'une gérance intelligente vient en aide aux planteurs ; elle s'occupe et de leur fournir de bonnes graines, et de la vente de leurs produits dans les meilleures conditions.

Ce dernier point est très important pour eux, car il met le planteur à l'abri du principal inconvénient que rencontre la culture cotonnière, c'est-à-dire l'absence d'un cours régulier du prix des cotons d'Algérie et le manque de concurrence dans les offres d'achat qui demeurent le monopole de deux ou trois maisons. Le planteur doit passer par leurs mains ou se livrer aux israélites, ce qui est pis encore.

Depuis plusieurs années, cette situation si préjudiciable étreint la culture du coton ; elle s'est fait autrefois encore plus cruellement sentir dans la Mitidja, et l'on peut dire qu'elle lui a été mortelle en 1867.

Nous reviendrons plus loin sur ce sujet, sur lequel il convient d'appeler l'attention d'une manière toute particulière.

Le but de ce travail est de faire ressortir que la culture du coton a pris racine en Algérie, qu'elle est plus ou moins avantageuse, selon les différents points, mais toujours et partout suffisamment rémunératrice; qu'il convient de l'entreprendre comme culture d'assolement et, qu'ainsi, elle est destinée à s'étendre là où elle s'est maintenue, et à reprendre là où elle a été abandonnée. En un mot, qu'elle se généralisera dans ce pays, au fur et à mesure que s'achèveront les travaux d'irrigation que l'on exécute en ce moment, ou dont la mise à exécution est résolue et ne peut tarder.

Enumérons ces travaux.

Au mois d'octobre prochain, le barrage-réservoir de l'Habra sera terminé. Il rendra irrigables 36.000 hectares de terre et fournira annuellement le volume d'eau nécessaire à l'arrosage de 6.000 hectares pendant l'été.

Un projet de barrage-réservoir sur la Mina est étudié ; il rendrait arrosables les 30.000 hectares de la plaine de la Mina et serait, dit-on, l'objet d'une entreprise de la Société générale algérienne propriétaire de 12.000 hectares dans ladite plaine.

Dans la plaine du Chélif, on construit, en ce

moment, des barrages-déversoirs sur la rivière du Cheliff, sur l'Oued Sly et sur l'oued Rouina, ainsi qu'un barrage-réservoir sur l'oued Fodda.

La construction d'un barrage-réservoir, destiné à arroser la partie ouest de la Mitidja, est décidée; il permettra d'arroser environ 24,000 hectares. Nous pensons que la mise en adjudication des travaux aura lieu très prochainement.

Enfin, le barrage-réservoir de l'Oued Hamiz est en cours d'exécution, ses eaux se distribueront sur une surface de 36.000 hectares.

Ajoutons, pour mémoire, que les vallées de l'Isser et du Sébaou, d'une richesse de sol remarquable, comportent une exposition très favorable et qu'elles pourraient être arrosées au moyen de travaux de dérivation peu coûteux.

L'ensemble de ces travaux, pour les provinces d'Alger et d'Oran, portera à environ 170,000 hectares l'étendue des surfaces arrosables, et fournira le volume d'eau nécessaire à l'arrosage de plus de 25,000 hectares.

Sauf le périmètre arrosable par les eaux de l'Oued Hamiz où le coton ne peut être cultivé que par exception, les terres des surfaces arrosables, depuis l'ouest de la Mitidja, en partant de la rive gauche de la Chiffa, et en poursuivant par le Chéliff jusqu'au Sig, c'est-à-dire sur un parcours de plus de 300 kilomètres, conviennent à la culture du coton.

Ces surfaces sont généralement composées de terres de transport dont le fond d'argile ne se rencontre qu'à une certaine profondeur.

On remarque dans la plaine du Chéliff, des terres d'alluvion ayant une épaisseur de 8 à 10 mètres.

Si, dans un temps peu éloigné, 170,000 hectares doivent être dotés d'un volume d'eau qui permette à l'agriculture d'entreprendre annuellement 25,000 hectares de cultures arrosées, et si, comme nous l'avons dit, le coton est une très bonne culture d'assolement et de bon rapport, on verra certainement la culture cotonnière occuper une surface de plus de 12,000 hectares, produisant chaque année environ 80,000 quintaux de coton longue-soie, donnant une moyenne de 18,000 balles coton égrené ; c'est à dire à peu près la moitié de la production annuelle d'Amérique, dont la récolte la plus abondante n'a jamais fourni plus de 40,000 balles longue-soie.

Il y a là une situation prochaine digne de remarque et qui ne doit échapper à l'attention ni de nos filateurs, ni de ceux qui dirigent ou que préoccupent les destinées de l'Algérie.

Toutefois, nous devons dire que cette extension de la culture du coton, extension résultant des travaux d'aménagement des eaux, ne pourra prendre sa marche rapide qu'autant que les planteurs pourront écouler facilement leurs produits et en trouver, autant que possible, le plein prix.

Cette indispensable condition fait défaut aujourd'hui et nous allons en signaler les causes.

Les longue-soie d'Algérie envoyés aux expositions de Paris, de Londres, du Havre, etc., ont été fort remarqués et furent l'objet de rapports très favorables ; mais il faut bien reconnaître qu'ils n'étaient guère qu'un spécimen indiquant ce que pouvait produire une culture régulière et soignée, et il s'en faut de beaucoup que l'ensemble de la production ait été conforme aux échantillons exposés.

Dans cet état, si l'Algérie a été reconnue par les divers jurys d'exposition, comme pouvant fournir de fort belles et fort bonnes qualités, l'industrie, de son côté, a pu constater que, dans l'ensemble de la production, les qualités étaient très irrégulières et que la marchandise livrée contenait trop souvent un mélange très préjudiciable, donnant quelquefois au peignage un déchet considérable (jusqu'à 78 0/0). De plus, le coton peu nerveux était difficile à travailler.

Il en est résulté que les cotons d'Algérie sont assez généralement frappés d'une dépréciation, due à la négligence qu'apportent dans leurs cultures une partie des planteurs, aussi bien qu'à l'intervention des Juifs dans les achats. Ces derniers se livrent, sans aucun scrupule, à un mélange de toutes provenances et de toutes qualités. Nous entendons parler plus particulièrement des *Juifs israélites* auxquels se joint un petit nombre de *Juifs catholiques*.

Planteurs négligents et acheteurs-revendeurs sans scrupules ont créé la situation suivante :

Deux ou trois maisons d'Alsace ont parfaitement étudié les cotons longue-soie d'Algérie, et, dans cette espèce, ils n'emploient guère que de cette provenance. Pour leurs achats, elles ont sur place des agents de mérite et de confiance, et comme, non-seulement leur consommation particulière est très importante, mais qu'aussi d'autres filateurs préfèrent, et pour cause, les charger de leurs achats, elles sont toujours en position d'acheter ici tout ce que la récolte peut donner en bonne qualité.

Les qualités inférieures passent aux mains des juifs qui les achètent à bas prix, les mélangent avec une partie de qualité meilleure, et nous ne savons qui ils trompent avec cette marchandise.

Par le fait, lesdites maisons exercent un monopole ; elles dominent le marché, font la hausse et la baisse à leur gré, et nous pourrions citer l'une d'elles, très honorable, du reste, qui, pendant la dernière campagne, s'est parfaitement distinguée sous ce rapport.

La société de l'Habra, seule pour ainsi dire, peut échapper à ce monopole, parce qu'elle a en main, chaque année, une partie assez importante, 250 à 300 balles ; qu'elle est en situation de choisir le lieu et l'heure de sa vente, et peut entrer en relations directes avec les filateurs.

Tandis que la plupart des planteurs, au contraire, sont ou besogneux ou tout au moins gênés d'argent, et la récolte se faisant au plus fort de la reprise des travaux agricoles qui exigent de nouvelles dépenses, ils sont ainsi forcés de réaliser et de vendre leurs cotons, en passant par la seule porte qui leur soit ouverte.

La situation du marché est donc mauvaise, nuisible à la prospérité et au développement de la culture cotonnière.

Examinons les moyens d'y remédier.

Dans ses encouragements à la culture cotonnière, l'Etat a employé des procédés divers :

1° La délivrance gratuite des graines et l'achat des produits à des prix fixés d'avance ;

2° La prime à l'exportation des produits récoltés en Algérie ;

3° Des primes données aux planteurs ayant produit les plus belles qualités.

Le premier de ces procédés, applicable au début et pour faciliter la vente des produits d'une culture qui n'était encore entreprise qu'à titre d'essai, a été supprimé, alors que cette culture eut pris une certaine assiette, et que les circonstances eurent, dans de très fortes proportions, élevé le prix de la matière.

La prime à l'exportation cessa aussitôt que l'on s'aperçut que le but était manqué, et que cette prime profitait, non à la culture du coton, mais seulement aux acheteurs. Or, les acheteurs, on le sait bien, n'avaient nullement besoin d'être encouragés, à cette époque du moins.

Les primes délivrées aux planteurs produisant les plus belles qualités, n'ont pas été continuées. Ce fut un tort ; on eut dû les maintenir. Le moment n'est pas venu de cesser d'encourager les soins dans la culture du coton ; il faut, au contraire, favoriser énergiquement la bonne culture cotonnière, jusqu'au moment où le coton longue-soie d'Algérie, généralement bien cultivé, bien traité et produit en quantité plus considérable, aura pris sa position sur le marché français, et même en Angleterre et en Allemagne,

Chaque rayon de production devrait être doté annuellement d'une allocation destinée à la délivrance de ces primes. Il y aurait plusieurs primes pour chaque rayon; car, pour que l'encouragement soit plus efficace, il faut non seulement qu'il y ait beaucoup d'appelés, mais autant d'élus que possible.

On ne peut mettre en doute que ces encouragements auraient une réelle influence ; qu'ils seraient un stimulant contribuant à ramener la culture cotonnière à une production plus régulière dans les qualités ; qualités qui, souvent, ne sont pas en rapport avec ce que le climat, la richesse du sol et l'exposition des plaines du littoral de l'Algérie permettent d'obtenir.

Cette influence ne serait pas moindre pour déterminer l'entreprise de la culture cotonnière sur les points qui vont bientôt recevoir les bienfaits de l'irrigation ; l'action de l'Etat, comme encouragement, ne serait que la conséquence logique de ses efforts pour mettre le pays en valeur par l'exécution des grands et nombreux travaux d'utilité publique, qui rendront la colonie plus accessible au travail, au commerce et à l'agriculture.

Ici, peut être, nous trouverons-nous en désaccord avec bien des personnes qui voudraient que l'Etat demeurât toujours étranger à l'action des individus. Dans le sens absolu du mot, oui; autrement, non.

L'Etat, c'est tout le monde, c'est le représentant et l'expression la plus complète des intérêts généraux, et, dans le cas qui nous occupe, il ne favorise pas des intérêts particuliers ; il vient en aide, il protége, il encourage une culture qui, dans sa réussite, dans son extension, renferme des conséquences ayant un véritable caractère d'intérêt général. En effet, n'est-il pas important pour la métropole, comme pour l'Algérie, placée aux portes de la France, que cette Algérie puisse fournir à nos filatures la majeure partie, sinon la totalité des cotons longue soie qu'elles peuvent employer. Il faudrait au moins le tenter, si déjà on n'avait l'entière conviction de pouvoir atteindre ce résultat.

Arrivons à la vente des produits. Elle a eu lieu dans de mauvaises conditions. Pour y remédier, il faudrait la création d'un dock spécial des cotons, sous forme d'établissement ayant une double action : les avances sur dépôts de marchandises et la vente desdites marchandises, soit directement aux filateurs, soit par un accord avec le marché de Marseille, où seraient adressés les échantillons ou la marchandise elle-même, selon la demande des déposants. Les ventes seraient faites, moyennant commission, au nom et pour compte desdits déposants; ayant chacun leur marque.

Le dock serait, avant tout, un établissement de prêt sur dépôt; son action, pour la vente, ne serait qu'une action accessoire et temporaire, qui n'aura plus de raison d'être et cessera d'elle-même, pour ainsi dire, lorsque les cotons d'Algérie auront leur marché régulier, normal, et auront pris leur position auprès des manufactures françaises et étrangères, position qui résultera, nous le répétons, d'une culture bien faite et d'une production plus considérable.

Nous appelons, sur ce point, l'attention du commerce de Marseille et aussi celle de l'industrie cotonnière. Cette dernière ne doit pas oublier que nous sommes, pour ainsi dire, au lendemain d'événements politiques qui, pendant plusieurs années, l'ont privée d'une partie de la matière première dont elle a besoin, et ont déterminé une crise qui a laissé des milliers de ses ouvriers sans travail.

En résumé, la culture du coton, quoiqu'elle ait dès maintenant, pris racine en Algérie, n'a pas encore assez d'étendue, pas assez de consistance pour se développer et se généraliser avec toute la rapidité désirable et que permettront les travaux d'aménagement des eaux dont nous avons parlé.

Il faut donc que cette culture soit encore soutenue, ou pour mieux dire, encouragée à produire bien ; de même qu'il faut rechercher les moyens de faciliter l'écoulement de ses produits aux meilleures conditions.

L'Etat, l'industrie cotonnière, le commerce de Marseille ont intérêt à y concourir.

L'Etat, parceque la prospérité et l'extension de la culture du coton importe à la prospérité générale de la colonie;

L'industrie cotonnière, parce qu'elle pourra, nous l'avons dit, dans un temps donné, trouver aux portes de la France, en coton longue soie, toute la matière qui lui est nécessaire, matière que la France ne peut produire et qu'il faut aller demander à des pays lointains.

Marseille, parce que cette ville est l'entrepôt naturel de l'Algérie, et que tout ce qui touche à la pospérité de la colonie, sa voisine, lui est d'un rapport direct, c'est donc dans cette ville que doit s'organiser l'établissement financier dont nous avons, plus haut, sommairement indiqué le but et l'action.

Pour terminer, disons que la culture du cotonnier, en Algérie, peut fort bien ne pas s'arrêter à l'espèce dite longue-soie ; que sur les 200,000 hectares de la plaine du Chéliff, il y a des points où le longue-soie viendrait mal, mais où réussirait parfaitement l'espèce dite *Jumel*, et l'abondance du produit compenserait l'infériorité du prix.

L'espèce courte-soie, qui est plus rustique, demande moins de soins, dure plus longtemps, et peut, au besoin, se passer d'eau, entrera sans doute un jour dans la culture indigène. Les résultats obtenus pas M. Laquière l'indiquent, et cet homme intelligent peut avoir des imitateurs. De plus, s'il faut en croire la tradition, le coton (quelle qualité?) était cultivé en Algérie, avant notre conquête.

L'indigène n'est pas rebelle à la pratique des cultures industrielles ; il s'y prête même assez volontiers, s'il peut supputer assez exactement ce qu'elles peuvent lui rapporter. Ne le voyons-nous pas cultiver le tabac avec autant de soin que les Européens, avec plus de soin même, car son procédé de récolte est bien plus rationnel.

Nous reviendrons sur ce sujet, dans le chapitre suivant, qui a trait aux conditions générales de l'agriculture en Algérie, et par lequel nous avons cru devoir compléter cette étude sur la culture du coton.

III.

CONDITIONS DE L'AGRICULTURE.

Ici, il nous faut quelque peu élargir notre cadre et, pour donner plus de force aux conclusions de ce chapitre, examiner sommairement, dans son ensemble, la question algérienne.

Nous y sommes conduit par les discussions nombreuses, quelquefois ardentes, trop souvent passionnées, dont cette question a été l'objet, discussions dont le résultat le plus positif a été d'égarer l'opinion publique en France, comme à l'étranger, et de nuire au mouvement d'émigration vers la colonie.

Tout récemment encore, un écrivain du journal le *Centre gauche* (M. Jacques de Boisjolin a signé cette absurdité). Ne prétendait-il pas que l'Algérie n'était pas colonisable.

Il faut bien le reconnaître, on a beaucoup dit, beaucoup écrit sur ce sujet, et malheureusement le côté pratique semble avoir presque toujours échappé à la plupart des écrivains ou des orateurs qui, généralement, ont attribué à des institutions spéciales et vicieuses régissant l'Algérie, le progrès trop lent de la colonisation ; alors que cette lenteur résulte plus essentiellement d'obstacles matériels tenant à un état particulier du pays que le génie de l'homme et l'argent de la France peuvent et doivent modifier, si l'on veut que l'Algérie arrive promptement aux destinées qui lui sont réservées.

Le territoire que nous tenons de la conquête présente une superficie de 20 millions d'hectares qu'occupait, en dehors des villes, peu nombreuses, du reste, et résidences des Maures, une population de 2,500,000 individus ; population fanatique, guerrière, sans liens réels de nationalité ; turbulente et divisée en tribus guerroyant souvent l'une contre l'autre.

Ces 20 millions d'hectares se divisent en trois parties :

1° Le littoral, ayant de l'est à l'ouest une étendue de 250 lieues que baigne la Méditerranée ;

2° La partie montagneuse du Tell, où réside la population sédentaire se livrant à l'agriculture ;

3° Le pays des grandes plaines ou Sahara algérien, au sud du Tell et séjour des nomades, peuple pasteur se livrant exclusivement à l'élève du bétail.

Pasteurs et agriculteurs occupant ou cultivant le sol par des procédés primitifs, si l'on veut, représentaient un peuple producteur et, par conséquent, fournissant sa part de capital à la société ; ayant ses lois, ses écritures, son histoire et ne ressemblant en rien aux populations que rencontrèrent devant eux les conquérants du Nouveau-Monde dont les procédés d'établissement ne pouvaient nous servir de modèle.

Au milieu de cette population arriérée mais non sauvage, la civilisation a fait sa trouée ; principalement dans la première division, celle du littoral, nommée aujourd'hui fort judicieusement, zone de colonisation et dont nous allons nous occuper plus particulièrement, parce qu'elle est indiquée par la nature comme devant former la première étape du mouvement colonisateur.

Cette zone comprend une superficie d'environ 5 millions d'hectares, renferme de vastes plaines d'une grande richesse de sol, et c'est dans son rayon que s'est groupée la presque totalité de la population agricole européenne, déjà installée en Algérie; population généralement laborieuse, énergique, et ne représentant pas, comme on l'a dit, l'écume des pays qui nous l'ont envoyée, mais bien plutôt une fraction de leurs forces vives.

Est ce à la législation spéciale qui régit encore l'Algérie que cette population agricole attribue les difficultés qu'elle a rencontrées? Non, on peut l'interroger, et elle répondra par la négation la plus complète. Non, les causes sont ailleurs, et si bientôt nous allons être dotés d'une plus grande somme de libertés et d'initiative, ce que nous sommes loin de dédaigner, nous demanderons d'abord au régime nouveau de poursuivre le programme qu'a adopté et que poursuit le régime actuel, c'est-à-dire la mise en valeur du territoire de colonisation par l'exécution, sur une vaste échelle, des grands travaux d'utilité.

Les obstacles qu'a rencontré l'agriculture en Algérie étaient et sont encore inhérents au pays même, à son climat, au régime naturel des eaux, à la nudité de la terre, si nous pouvons nous exprimer ainsi.

A ses débuts elle a trouvé un pays où tout était à faire, où tout était à créer : pas de routes, des rivières à sec pendant l'été et torrentielles l'hiver; des marais d'un voisinage dangereux, des terres vierges contenant des matières en décomposition que les labours ramenaient à la surface et dont les exhalaisons étaient funestes; enfin, pendant cinq mois environ, une température très élevée et une sécheresse absolue.

Voilà ce qu'était l'Algérie, il y a trente ans à peine; voilà ce qu'ont rencontré nos colons au début.

Depuis et successivement, des routes ont été

ouvertes et ont rendu les communications plus faciles, les transports moins coûteux ; des travaux de dessèchement, des plantations, les cultures ont rendu le pays plus salubre. Enfin, sur certains points, l'aménagement des eaux des rivières pour l'irrigation des terres, tout en assurant la prospérité des territoires qu'il fertilise, a fait apprécier ce que, sous un soleil puissant et sur une terre généreuse, on pouvait obtenir comme puissance de végétation et comme variété de produits.

Et maintenant, si l'on se reporte au point de départ, si l'on a pu, comme nous, voir l'état des choses aux époques dont nous parlons, si l'on a pu voir déserts le Sahel et la Mitidja, où l'on rencontre aujourd'hui soixante villes ou villages ; si l'on parcourt la ligne de villages placés entre Oran et Mostaganem, et entre Oran et Relizane ; si l'on se rend compte qu'il a fallu ouvrir des voies de communication, établir une viabilité plus ou moins parfaite, pour rattacher aux points principaux plus de deux cents cinquante centres de population de création nouvelle, et repartis sur un territoire presque aussi vaste que la France ; si l'on n'oublie pas que ces travaux ont été commencés simultanément avec la conquête, le fusil sur le dos et la pioche à la main, par nos soldats, on reconnaîtra que l'armée et ses chefs d'une part, nos colons de l'autre, ont entrepris, poursuivi et conduit à un point relativement avancé, la transformation d'un territoire où tout était résistance, et dont la possession a une importance considérable, aussi bien au point de vue politique, qu'en ce qui concerne la variété de produits que ledit territoire peut fournir à la France.

Toutefois, quel que soit le mérite de ce qui a été fait, ce n'est rien, si l'on examine ce qui reste à faire pour améliorer la situation de la population agricole actuelle, et rendre cette population plus nombreuse, plus compacte, en offrant des conditions de prompte réussite aux nouveaux arrivants qui n'auront pas à lutter contre les difficultés que les premiers occupants ont eu à surmonter.

Il faut donc compléter nos voies de communication, rendre nos ports plus sûrs, éclairer nos côtes, dessécher les marais ; et cependant, ces travaux tendant à faciliter l'écoulement des produits et à améliorer les conditions hygiéniques, si urgents qu'ils soient, ne sont encore dans leur exécution que le complément indispensable des travaux hydrauliques qu'il faut multiplier partout, à grands frais s'il est nécessaire; le régime naturel des eaux en Algérie étant le plus sérieux obstacle au développement et à la prospérité de l'agriculture, base sur laquelle repose l'avenir de la colonie, ainsi que nous allons le démontrer.

La zone de colonisation dont nous avons plus haut indiqué la position et l'étendue, étant, comme nous l'avons dit, la première étape que doit parcourir la colonisation et où doivent se concentrer tous ses efforts, il convient naturellement que cette zone soit amenée le plus promptement possible à son plus haut degré de force productive et de force défensive, forces ne pouvant prendre leur germe que dans une population agricole très dense, très serrée, arrivant un jour à une somme de produits assez considérable pour donner naissance à l'industrie, fournir les éléments d'un commerce important et servir au besoin à la défense du territoire.

Ce principe exposé, examinons la situation et

voyons si, dans les conditions existantes, il est possible d'atteindre le but indiqué.

En Algérie, on le sait, à la période des pluies qui dure de 6 à 7 mois, succède, pendant 5 et quelquefois 6 mois, une période de sécheresse absolue jointe à une température très élevée. Pendant cette dernière période, la terre se sèche, durcit, le sol devient inerte, toute végétation semble suspendue, excepté sur les points très rares où des moyens d'arrosage permettent de rendre à la terre l'humidité qu'elle a perdue et de déterminer alors une végétation d'autant plus puissante que la somme d'humidité est en rapport avec l'élévation de la température.

Dans ces conditions, l'agriculture, partout où elle n'a pas d'eau d'irrigation, ne peut entreprendre que les cultures hivernales, ce sont les plus pauvres, et encore arrive-t-il parfois qu'elles sont compromises par des chaleurs et une sécheresse prématurées.

Les cultures industrielles d'été, c'est-à-dire les plus productives, les plus favorables pour l'assolement, celles qui permettent au cultivateur de travailler et de vivre sur un petit espace, celles-là sont impossibles.

Renfermée dans ces limites inexorables, la grande culture rencontre encore des moyens de réussite et de fortune. Elle a de grands espaces, la terre acquise à bas prix, et pourvu que sa méthode d'exploitation soit d'une grande simplicité et qu'elle ait à sa dispositien le capital nécessaire pour l'achat des bestiaux dont le nombre doit être en rapport avec les approvisionnements de fourrages fournis par les prairies naturelles, elle obtient encore des résultats satisfaisants.

Mais la grande culture ne pourra jamais fournir ni la grande abondance et la variété des produits, ni l'emploi d'une population agricole assez nombreuse pour constituer la force productive, industrielle, commerciale et défensive que doit posséder l'Algérie.

La petite culture, et c'est sur elle que repose l'avenir du pays, est placée, il ne faut pas le dissimuler, dans des conditions défavorables. Pratiquée presqu'exclusivement par la population des villages créés depuis notre occupation, elle est réduite, elle aussi, à n'entreprendre que les cultures hivernales ; elle n'a qu'un espace restreint à cultiver, n'obtient que des produits d'un prix modique et languit dans un cercle étroit qui ne peut être rompu qu'en mettant à sa disposition des moyens d'arrosage qu'il est nécessaire d'établir à grands frais, s'il le faut. *(Nous l'avons dit et voulons le répéter encore)*.

En effet, sans l'irrigation, l'agriculture subit ici tous les inconvénients du climat, sans pouvoir, d'un autre côté, profiter de ce qu'il offre d'avantageux. On sait quel est, en agriculture, le rôle que remplissent aujourd'hui les prairies artificielles. En Algérie, ce rôle serait non moins important, plus important même, car, ici, la luzerne donne un produit très important : on la coupe en moyenne 8 fois par an ; des propriétaires d'Hussein-Dey, M. Leteuil, M. Trottier et autres, ont pu couper jusqu'à 12 fois dans une année. Et cependant, cette culture ne peut être entreprise que par exception. Dans la plaine de la Mitidja, sur une étendue de cent vingt mille hectares, on ne rencontre pas cent hectares de luzerne.

Sans l'irrigation, pas de culture de coton, de tabacs ; pas d'orangeries, et d'arbres fruitiers ; pas de plantations d'arbres aux approches des villages et des fermes pour les assainir ; pas de récoltes en céréales et en fourrages assurées si le printemps est sec ; et, enfin, il faut bien le dire, pas de légumes au jardin pendant l'été ; et l'on voit cette étrange anomalie : des villages, des fermes allant à la ville distante de plusieurs lieues, faire leurs provisions de légumes frais.

Si, au contraire, la petite culture est dotée de moyens d'arrosage et bientôt familiarisé avec leur emploi, on verra le colon du village ou de la petite ferme se dégager promptement d'un état de malaise et d'impuissance; créer sa luzernière, tenir son bétail à l'étable, gagner sur la revente de ce bétail ; produire le fumier nécessaire à ses cultures arrosées, établir la diversité et la rotation desdites cultures ; on verra, disons-nous, le colon placé dans des conditions normales de travail, obtenir de l'espace restreint qu'il cultive un revenu bien supérieur à celui qu'il obtient dans les conditions défectueuses actuelles, et arriver à un état d'aisance et de prospérité qui lui est inconnu et qu'il poursuit en vain.

Quant à la grande culture, ou pour mieux dire à la grande propriété appelée à profiter également de l'exécution des travaux hydrauliques, elle sera entraînée à modifier son système, et pour profiter de la nouvelle situation, diviser son exploitation, créer un grand nombre de petites fermes produisant un revenu beaucoup plus élevé et donnant à la propriété une plus value considérable.

Les terres non arrosées, dans les meilleures situations, ne valent pas plus de 400 fr. l'hectare; les terres irriguées valent de 1,500 à 10,000 fr. l'hectare.

Donc, d'une part, grande amélioration dans la situation des centres agricoles existant ; condition de prompte réussite pour les centres en voie de création ou projetés ; amélioration et modification dans l'exploitation des grandes propriétés s'écartant de la grande culture et laissant celle-ci s'introduire peu à peu en dehors des limites de la zone de colonisation, dans la partie du Tell où sa place est marquée et où elle se fixera au bénéfice même des populations indigènes qui, à son contact, s'initieront à nos procédés de culture, aux soins à donner au bétail. De même qu'elles trouveront : l'une une main-d'œuvre utile, peu coûteuse ; les autres, l'emploi de cette main-d'œuvre trop souvent oisive, moins par tempérament, peut-être, que par une fatale habitude et le manque d'exemple.

Si, à la manière de M. de Boisjolin, on vient nous dire que la population agricole ne vient que lentement en Algérie ; qu'elle est réfractaire au mouvement d'émigration vers ce pays ; nous répondrons en nous appuyant sur les faits, que cette allégation est parfaitement fausse ; que ladite population vient facilement, en dépit même des articles du *Centre gauche* et autres journaux ou brochures ayant non moins maladroitement traité la question algérienne. Nous répondrons qu'il n'a pas été créé un centre sans que tous les lots qui le composaient n'aient été l'objet de demandes dépassant le nombre pouvant être accordé ; que tous ces centres ont été pleinement occupés dès leur création et que sur certains points pourvus de moyens d'arrosage, tels que Boufarik et Saint-Denis-du-Sig, la population s'y est serrée à tel point, que leurs territoires n'offrent plus un mètre carré de terrain qui ne soit cultivé, et que cette population s'est d'autant mieux maintenue là, qu'une végétation puissante l'entoure, la protége et détermine des conditions de salubrité ne laissant rien à désirer.

Un autre exemple n'est-il pas à prendre dans la facilité qu'à rencontrée la Société de l'Habra pour louer ses terrains à des prix très élevés, et que nous avons fait connaître dans le chapitre précédent. Et que dirait le rédacteur du *Centre gauche* s'il apprenait que cette même société vient de conclure un marché avec une compagnie fermière qui lui afferme 21,000 hectares pour 15 ans, au prix de 350,000 fr. pour la première année et avec des augmentations successives, portant le chiffre de location à 700,000 fr. par an ; les constructions, voies de communication, etc., étant à la charge des fermiers et leur coût remboursable seulement à l'expiration du bail et sur estimation.

La population agricole n'a pas fait et ne fera

pas défaut; elle vient dans ce pays encore assez facilement; mais il faut, il est vrai, l'entraîner, la diriger, lui montrer la route, lui préparer et lui indiquer un point d'occupation.

L'Etat a, de ce côté, son œuvre toute particulière à remplir, œuvre dans laquelle il lui faut tailler largement et à plein tranchant. En agissant vigoureusement, il entraînera des initiatives diverses, un mouvement rapide. Et comme, en résumé, l'avenir de la colonie repose principalement sur la création d'un grand nombre de centres de population, autour desquels viennent s'établir les fermes, c'est de ce côté que doivent particulièrement tendre les efforts.

Mais il est, en même temps, nécessaire que l'agriculture trouve dans son travail une facilité et une sécurité qui lui manquent, et auxquels le régime naturel des eaux est le plus sérieux obstacle, obstacle qu'il convient de briser par un puissant aménagement de ces eaux allant chaque hiver se perdre à la mer, sans profit, et qu'il faut capter, emmagasiner, diriger, pour en faire l'instrument le plus énergique de l'agriculture algérienne.

La question algérienne se résume donc principalement en une question de travaux publics, et quel que soit le sacrifice en argent qu'une partie de ces travaux puisse imposer à la France, celle-ci peut être sûre que la colonie le lui rendra avec usure.

Saint-Eugène, près d'Alger, 15 février 1870.

A. Thomas.

www.ingramcontent.com/pod-product-compliance
Ingram Content Group UK Ltd.
Pitfield, Milton Keynes, MK11 3LW, UK
UKHW020445180726
13839UKWH00004B/1628